兔、马属动物、水貂等 非食用动物检疫操作

中国动物疫病预防控制中心 ◎ 组编

U0344476

中国农业出版社
北　京

丛书编委会

主　任：陈伟生　冯忠泽

副主任：徐　一　柳焜耀

委　员：王志刚　李汉堡　蔺　东　张志远

　　　　高胜普　李　扬　赵　婷　胡　澜

　　　　杜彩妍　孙连富　曲道峰　姜艳芬

　　　　罗开健　李　舫　杨泽晓　杜雅楠

本书编写人员

主　　编：秦　彤　蔺　东　王　赫　刘俞君

副 主 编：姚　婷　胡　澜　穆佳毅　谢　鹏

　　　　　刘松雁　逢国梁

编　　者（按姓氏笔画排序）：

　　　　　马文涛　王　赫　乌云达来　刘松雁

　　　　　刘俞君　李　扬　李杰如　　谷子林

　　　　　张　熹　张宇鑫　张志帅　　张志远

　　　　　张湘宜　陈宝江　陈赛娟　　金　山

　　　　　孟　伟　赵　婷　赵永攀　　胡　澜

　　　　　胡明明　柳松柏　逢国梁　　姚　婷

　　　　　秦　彤　徐　一　谢　鹏　　蔺　东

　　　　　穆佳毅

前　言

　　《兔、马属动物、水貂等非食用动物检疫操作图解手册》是动物检疫操作图解手册丛书之一。兔、马属动物、水貂等非食用动物产地检疫规程适用于中华人民共和国境内兔及其原毛、绒，马属动物和人工饲养的水貂、银狐、北极狐、貉及其生皮的产地检疫，包括检疫范围及对象、检疫合格标准、检疫程序、检疫结果处理和检疫记录。兔、马属动物屠宰检疫规程适用于中华人民共和国境内兔、马属动物的屠宰检疫，包括检疫范围及对象、检疫合格标准、检疫申报、宰前检查、同步检疫、检疫结果处理和检疫记录。

　　本书涉及兔、马属动物、水貂等非食用动物的群体检查、个体检查及其主要疫病的临床诊断和实验室诊断等多个方面。本书邀请诸多专家、学者，查阅大量国内外书籍和文献，结合实地拍摄的照片编写而成。本图解手册的出版希望可以对从事兔、马属动物、水貂等非食用动物检疫的工作人员及相关专业师生等有所帮助。

　　在此，衷心感谢为本手册付出大量工作和心血的编者们。限于编者的水平和能力，本手册难免有不足之处，敬请各位读者批评指正。

编　者
2024年1月

c o n t e n t s

前言

第一章　检疫程序

第二章　检疫方法

第三章　检疫对象和检查内容

第一章 检疫程序

本章主要包括兔产地检疫和屠宰检疫流程（图1-1和图1-2）、马属动物产地检疫和屠宰检疫流程（图1-3和图1-4）、水貂等非食用动物检疫流程（图1-5）。

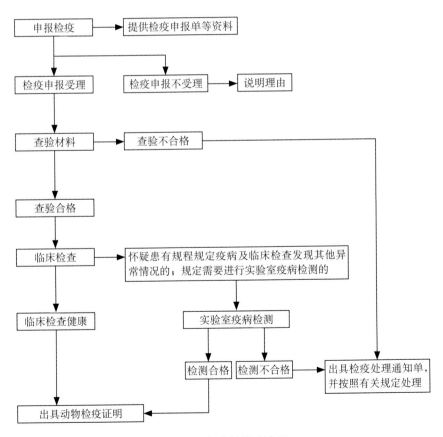

图1-1 兔产地检疫流程

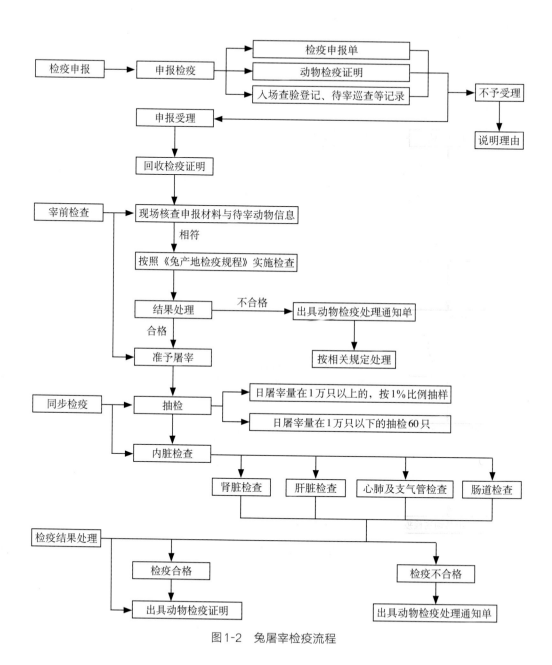

图1-2　兔屠宰检疫流程

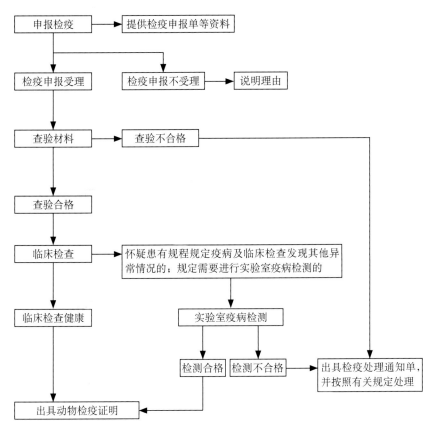

图1-3　马属动物产地检疫流程

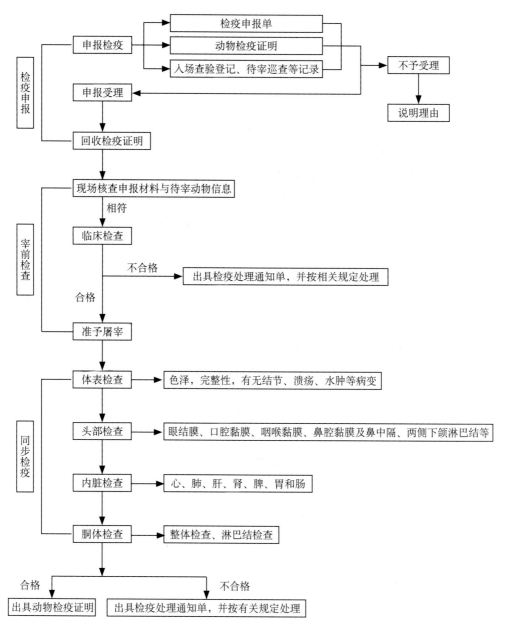

图 1-4　马属动物屠宰检疫流程

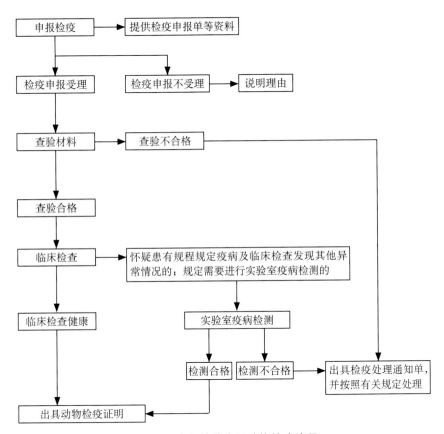

图1-5 水貂等非食用动物检疫流程

第二章　检疫方法

　　检疫方法分为申报受理、查验材料和临床检查三个部分。申报受理是动物卫生监督机构在接到检疫申报后，根据实际情况做出受理和不受理的决定。查验材料主要是查验申报主体身份信息，饲养场《动物防疫条件合格证》和养殖档案，运输车辆、承运单位（个人）及车辆驾驶员备案情况等，确认申报主体、运输主体和车辆等是否符合规定以及动物疫病相关情况和免疫状况。临床检查方法适用于产地检疫和屠宰检疫的宰前检查环节，主要包括群体检查和个体检查。群体检查主要包括静态检查、动态检查和食态检查。个体检查主要通过视诊、触诊和听诊等方法进行检查。

第一节　检疫合格标准

一、产地检疫

1. 兔、马属动物和水貂等非食用动物

（1）来自非封锁区及未发生相关动物疫情的饲养场（户）。

（2）申报材料符合本规程规定。

（3）临床检查健康。

（4）需要进行实验室疫病检测的，检测结果合格。

2. 兔的原毛、绒

（1）来自非封锁区及未发生相关动物疫情的饲养场（户）。

（2）申报材料符合本规程规定。

（3）供体动物临床检查健康。

（4）原毛、绒按有关规定消毒。

3.水貂等非食用动物的生皮

（1）来自非封锁区及未发生相关动物疫情的饲养场（户）。

（2）申报材料符合本规程规定。

（3）按有关规定消毒。

二、屠宰检疫

（1）进入屠宰加工场所时，具备有效的动物检疫证明。

（2）申报材料符合本规程规定。

（3）待宰兔或马属动物临床检查健康。

（4）同步检疫合格。

（5）需要进行实验室疫病检测的，检测结果合格。

第二节　申报受理

一、产地检疫

动物卫生监督机构接到检疫申报后，应当及时对申报材料进行审查。根据申报材料审查情况和当地相关动物疫情状况，决定是否予以受理。受理的，应当及时指派官方兽医或协检人员到现场或指定地点核实信息，开展临床健康检查；不予受理的，应当说明理由。

二、屠宰检疫

动物卫生监督机构接到检疫申报后，应当及时对申报材料进行审查。材料齐全的，予以受理，由派驻（出）的官方兽医实施检疫；不予受理的，应当说明理由。

第三节 查验材料

一、产地检疫

1.兔、马属动物和水貂等非食用动物

（1）查验申报主体身份信息是否与检疫申报单相符。

（2）查验饲养场《动物防疫条件合格证》和养殖档案，了解生产、免疫、监测、诊疗、消毒、无害化处理及相关动物疫病发生情况。

相关证明　　　养殖档案

（3）了解饲养户生产、免疫、监测、诊疗、消毒、无害化处理及相关动物疫病发生情况。

（4）查验实验室疫病检测报告是否符合要求，检测结果是否合格。

（5）取得产地检疫证明后，从专门经营动物的集贸市场继续出售或运输的兔或水貂等非食用动物，以及展示、演出、比赛后需要继续运输的兔、马属动物或水貂等非食用动物，查验产地检疫证明是否真实并在调运有效期内、进出场记录是否完整；产地检疫证明超过调运有效期的兔、马属动物，查验兔出血症、马传染性贫血、马鼻疽的实验室疫病检测报告是否符合要求，检测结果是否合格。

（6）查验运输车辆、承运单位（个人）及车辆驾驶员是否备案。

2.兔的原毛、绒以及水貂等非食用动物的生皮

（1）查验申报主体身份信息是否与检疫申报单相符。

（2）查验饲养场《动物防疫条件合格证》和养殖档案，了解生产、免疫、监测、诊疗、消毒、无害化处理及相关动物疫病发生等情况。

（3）了解饲养户生产、免疫、监测、诊疗、消毒、无害化处理及相关动物疫病发生情况。

（4）查验消毒记录是否符合要求。

二、屠宰检疫

（1）检疫申报单。

（2）兔、马属动物入场时附有的动物检疫证明。

（3）兔、马属动物入场查验登记、待宰巡查等记录。

第四节 临床检查

一、群体检查

从静态、动态和食态等方面进行检查。主要检查兔群体、马群体、水貂群体等精神状况、外貌、呼吸状态、运动状态、饮食情况及排泄物性状等。

1.静态检查 在动物安静情况下，观察其精神状态、外貌、立卧姿势、呼吸等，注意有无咳嗽、气喘、呻吟等反常现象（图2-1至图2-6）。

图2-1 兔群体静态观察
（图片由汤新明提供）

图2-2 兔个体静态观察
（图片由汤新明提供）

图2-3 马群体静态观察

（图片由乌云达来提供）

图2-4 马个体静态观察

（图片由乌云达来提供）

图2-5 水貂个体静态观察（1）

（图片由梁俊文提供）

图2-6 水貂个体静态观察（2）

（图片由梁俊文提供）

2.动态检查　在动物自然活动时，观察其起立姿势、行动姿势、精神状态和排泄姿势（图2-7至图2-10）。注意有无行动困难、肢体麻痹、步态蹒跚、跛行、屈背弓腰、离群掉队及运动后咳嗽或呼吸异常现象，并注意排泄物的性状、颜色等。

图2-7　兔动态观察

图2-8　马群动态观察

（图片由乌云达来提供）

图2-9　马个体动态观察

（图片由乌云达来提供）

图2-10　水貂群体动态观察

（图片由梁俊文提供）

3.食态检查　检查饮食、咀嚼、吞咽时的反应状态（图2-11至图2-16）。注意有无不食不饮、少食少饮、异常采食，以及吞咽困难、呕吐、流涎、退槽等现象。

图2-11　兔食态观察（1）　　　　　　图2-12　兔食态观察（2）

图2-13　马群食态观察（1）
（图片由乌云达来
提供）

图2-14　马群食态观察（2）
（图片由乌云达来
提供）

图2-15 马群饮水观察

（图片由乌云达来提供）

图2-16 马饮水观察

（图片由乌云达来提供）

二、个体检查

通过视诊、触诊和听诊等方法对动物进行检查。主要检查兔、马、水貂等个体精神状况、体温、呼吸、皮肤、被毛、可视黏膜、胸廓、腹部、体表淋巴结，以及排泄动作、排泄物性状等（图2-17至图2-26）。

图2-17　对兔进行视诊检查　　　　图2-18　对兔进行触诊检查

图2-19　在马安静状态下
进行视诊检查
（图片由乌云达
来提供）

图2-20　检查马皮
　　　肤及被毛
　　　（图片由
　　　乌云达来
　　　提供）

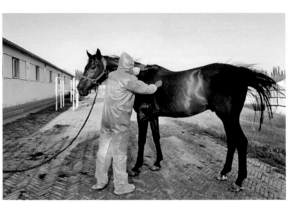

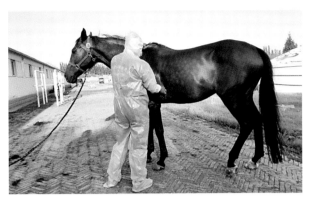

图2-21 对马进行触诊检查

（图片由乌云达来提供）

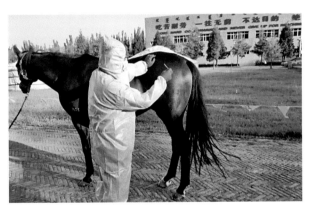

图2-22 检查马体温

（图片由乌云达来提供）

图2-23 观察马的排泄动作

（图片由乌云达来提供）

图2-24 观察马的排泄物性状

（图片由乌云达来提供）

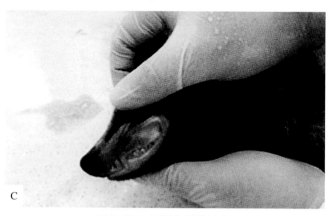

图2-25　水貂的视诊检查

A.视诊皮毛　B.视诊结膜　C.视诊口腔黏膜

（引自谢之景等，2019）

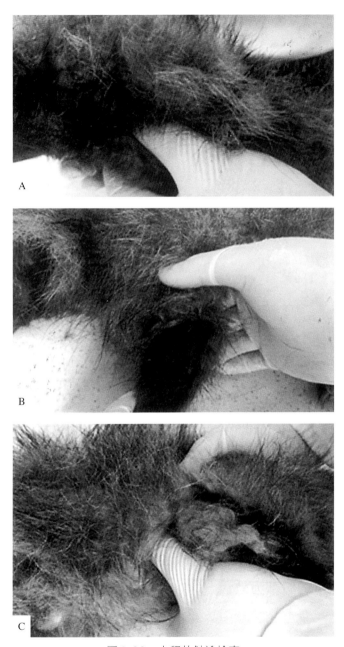

图2-26　水貂的触诊检查
A.触诊前肢　B.触诊后肢　C.触诊腹部
(引自谢之景等，2019)

第三章　检疫对象和检查内容

本章主要介绍了兔、马属动物和水貂等非食用动物的检疫对象和检查内容。兔的产地检疫和屠宰检疫对象主要包括兔出血症、兔球虫病，马属动物的产地检疫和屠宰检疫对象主要包括马传染性贫血、马鼻疽、马流行性感冒、马腺疫、马鼻肺炎，水貂等非食用动物的检疫对象主要包括狂犬病、炭疽、伪狂犬病、犬瘟热、水貂病毒性肠炎、传染性肝炎、水貂阿留申病。以上动物疫病的检疫主要从临床症状和病理变化两方面进行详细介绍。

第一节　兔产地检疫和屠宰检疫

一、检疫对象

兔出血症、兔球虫病。

二、检查内容

1. **兔出血症**　兔出血症俗称兔瘟，是由兔出血症病毒感染兔引起的一种急性、败血性、高度接触性传染病，以呼吸系统出血、肝坏死、实质脏器水肿、淤血及出血性变化为特征。所有兔的品种均对本病易感，主要侵害2月龄以上的兔，发病率可达90%，死亡率高达100%。该传染病对兔的危害很大，严重制约着养兔业的健康发展。

【临床症状】　临床上根据病程和临床表现可分为最急性、急性和慢性3种类型。最急性型病例突然倒地，四肢呈现游泳状划动，抽搐，角弓反张等症状，天然孔流出血色液体，一般病程不超过10小时（图3-1至

图3-3）。急性型病兔精神沉郁，被毛粗乱，有些出现呼吸急促，食欲不振，渴欲增加，精神委顿，挣扎、咬笼架等兴奋症状；全身颤抖，四肢乱蹬（图3-4），惨叫；肛门常松弛，拉出附有淡黄色黏液的粪球（图3-5），肛门周围被毛被污染。

图3-1　最急性型兔瘟感染兔采食时突然倒地而亡
（图片由陈宝江提供）

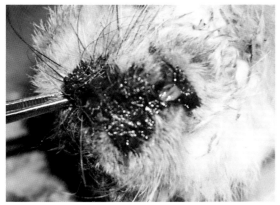

图3-2　最急性型兔瘟死亡兔的鼻孔出血
（图片由陈宝江提供）

图3-3　肛门松弛，肛周有少量淡黄色黏液附着
（引自王芳等，2019）

图3-4　病死兔角弓反张
（引自王芳等，2019）

图3-5　附有淡黄色黏液的粪球
（图片由陈宝江提供）

【病理变化】

（1）气管和肺脏的病变　气管和支气管内有泡沫状血液（图3-6），鼻腔、喉头和气管黏膜淤血和出血（图3-7）；肺脏严重充血、出血，一侧或两侧有数量不等的粟粒至绿豆大的出血点（图3-8），切开肺脏时流出大量红色泡沫状液体。

图3-6　气管和支气管内有泡沫
　　　状血液
（图片由陈宝江提供）

图3-7　喉头和气管黏膜淤血
　　　和出血
（图片由陈宝江提供）

图3-8 肺脏不同程度出血、淤血、水肿

(引自王芳等，2019)

（2）肝脏病变 肝淤血、肿大、质脆，被膜弥漫性网状坏死，表面有淡黄或灰白色条纹（图3-9），切面粗糙，流出多量暗红色血液。

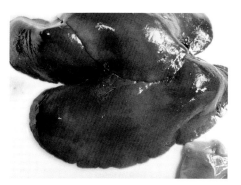

图3-9 肝脏淤血、肿大、质脆，表面有淡黄色条纹

(图片由陈宝江提供)

（3）其他剖检病变 可见胆囊肿大，充满稀薄胆汁（图3-10）。部分病例脾脏充血，肿大 2～3 倍（图3-11），肾皮质有散在的针尖状出血点（图3-12）。有的病例心脏扩张淤血，少数心内外膜有出血点（图3-13）；胸腺肿大，有散在性针尖至粟粒大出血点（图3-14）；胃肠多充盈，胃的部分黏膜脱落，小肠黏膜充血、出血；肠系膜淋巴结肿大。妊娠母兔子宫充血、淤血和出血，膀胱积尿（图3-15）。多数雄性病例睾丸淤血。

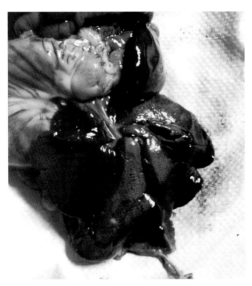

图3-10　胆囊肿大，充满稀薄胆汁

（图片由陈宝江提供）

图3-11　脾脏肿大，呈黑紫色

（引自王芳等，2019）

图3-12　肾皮质有散在的针尖状出血点

（图片由陈宝江提供）

图3-13　心外膜的出血点

（图片由陈宝江提供）

图3-14　胸腺肿大，有散在性
　　　　针尖至栗粒大出血点

（图片由陈宝江提供）

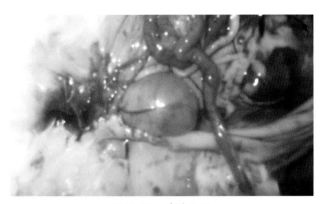

图3-15 膀胱积尿

（图片由陈宝江提供）

2.兔球虫病　　兔球虫病是由于兔感染艾美耳球虫所引起一种寄生虫病，俗称大肚子病，是危害兔健康的四大疾病之一。球虫常寄生于兔的小肠或胆管上皮细胞内。目前公认的兔球虫有11种有效种，包括斯氏艾美耳球虫、肠艾美耳球虫、黄艾美耳球虫、小型艾美耳球虫、中型艾美耳球虫、大型艾美耳球虫、穿孔艾美耳球虫、维氏艾美耳球虫、盲肠艾美耳球虫、梨型艾美耳球虫、无残艾美耳球虫。该病是养兔业的一种极为常见的寄生虫病，可以导致大量幼龄兔死亡，幼兔的感染率和死亡率分别为100%和60%～70%，青年兔的感染率和死亡率分别高达90%和60%，严重危害养兔业的持续稳步发展。

夏季温度、湿度等条件适合球虫的生长繁育，因此，夏季是球虫病的高发季节。患病兔抵抗力降低，极易继发其他疾病。耐受后兔的发育、健康、性能也会受极大影响。

【临床症状】　　家兔感染肠球虫后，头向后仰（图3-16），四肢痉挛、划动，角弓反张（图3-17和图3-18），发出尖叫，食欲减退或废绝，精神沉郁，动作迟缓，伏卧不动，眼、鼻分泌物增多，眼结膜苍白或黄染，唾液分泌量增多，口腔周围被毛潮湿，腹部膨胀，腹泻或腹泻与便秘交替出现，粪便恶臭，尿频或常呈排尿姿势，后肢和肛门周围被粪便污染（图3-19）。肝区触诊疼痛；后期出现神经症状，极度衰竭而死亡。

图3-16　球虫病患兔躺卧不动，头向后仰，四肢痉挛

（图片由谷子林、陈赛娟提供）

图3-17　四肢痉挛、划动，角弓反张

（图片由谷子林、陈赛娟提供）

图3-18　四肢抽搐，角弓反张

（图片由谷子林、陈赛娟提供）

图3-19　腹部膨胀，腹泻，粪便恶臭，后肢和肛门周围被粪便污染

（图片由谷子林、陈赛娟提供）

【病理变化】

（1）肝型　病兔肝脏肿大，表面和实质有白色或淡黄色结节病灶，呈圆形，粟粒大至豌豆大（图3-20至图3-22），沿胆管分布。切开肝脏病灶可见浓稠的淡黄色液体，胆囊肿大，呈现卡他性炎症，胆汁浓稠色暗（图3-23）。在胆管、胆囊黏膜上取样涂片，能检出卵囊。在慢性肝病中，可发生间质性肝炎，肝管周围和小叶间部分结缔组织增生，使肝细胞萎缩，肝体积缩小，肝硬化。

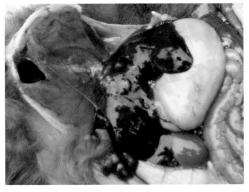

图3-20　病兔肝脏肿大，表面和实质有圆形、粟粒大至豌豆大的白色结节病灶

（图片由谷子林、陈赛娟提供）

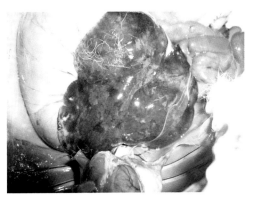

图3-21　肝表面和实质内有许多白色或淡黄色结节

（图片由谷子林、陈赛娟提供）

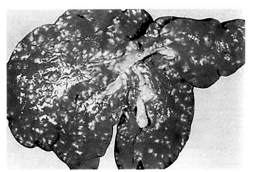

图3-22　肝脏上形成的白色或淡黄色点状结节病灶

（图片由谷子林、陈赛娟提供）

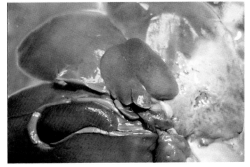

图3-23　胆囊肿大，胆汁浓稠色暗

（图片由谷子林、陈赛娟提供）

（2）肠型　病理变化主要在肠道，肠壁血管充血，十二指肠扩张、肥厚，黏膜发生卡他性炎症，小肠内充满气体和大量黏液（图3-24和

图3-25），黏膜充血，上有溢血点。在慢性病例，肠黏膜呈淡灰色，上有许多白色小点或结节，压片镜检可见大量卵囊（图3-26和图3-27），肠黏膜上有时有小的化脓性、坏死性病灶（图3-28）。膀胱积黄色混浊尿液，膀胱黏膜脱落。肠球虫的致病力和虫体的位置具有密切联系，肠艾美耳球虫和斯氏艾美耳球虫的致病性较强，其发育阶段的虫体主要寄生在肠隐窝内，造成隐窝细胞的极大破坏。穿孔艾美耳球虫、小型艾美耳球虫和盲肠艾美耳球虫主要寄生在肠绒毛上皮细胞，因此对于家兔的致病性较低，危害也较小。肠球虫也较容易引起如大肠杆菌和轮状病毒的继发感染，加重肠炎症状和临床治疗难度。

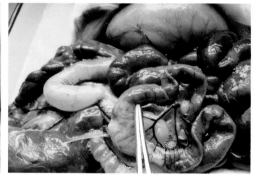

图3-24　肠壁血管充血，肠黏膜充血或出血，小肠内充满气体

（图片由谷子林、陈赛娟提供）

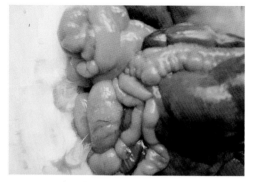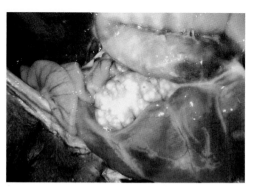

图3-25　十二指肠扩张、肥厚，小肠内充满气体和大量黏液

（图片由谷子林、陈赛娟提供）

图3-26　肠壁呈淡灰色，有许多黄白色结节，结节内含有大量球虫卵囊

（图片由谷子林、陈赛娟提供）

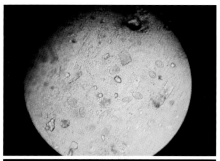

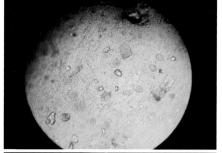

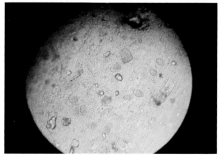

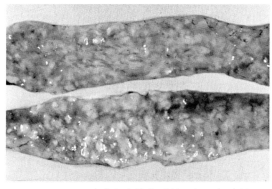

图3-28　肠黏膜上小的化脓性、坏死性病灶

（图片由谷子林、陈赛娟提供）

图3-27　用肠道内容物直接抹片镜检，观察到的球虫卵囊（放大倍数40×10）

（图片由谷子林、陈赛娟提供）

（3）混合型　各种病变同时存在，而且病变更为严重（图3-29），不仅影响家兔的生长性能，而且导致血液生化指标和肝功能指标发生明显变化，极大降低了其经济价值和实验价值。

图3-29　混合型球虫病的肝脏和肠道病变

（图片由谷子林、陈赛娟提供）

第二节　马属动物产地检疫和屠宰检疫

一、检疫对象

马传染性贫血、马鼻疽、马流行性感冒、马腺疫、马鼻肺炎。

二、检查内容

1.马传染性贫血　马传染性贫血是由反转录病毒科慢病毒亚科中的马传染性贫血病毒引起的二类传染病，又称沼泽热、晃荡病，主要引起马、骡、驴的感染。特征主要为间歇性发热、消瘦、进行性衰弱、贫血、出血和水肿，是威胁马属动物健康的重要疾病之一。

马传染性贫血呈世界范围流行，最早发现于1843年。我国于1965年首次分离到马传染性贫血病毒。1975年，世界首例慢病毒减毒疫苗——马传染性贫血驴白细胞弱毒疫苗由中国农业科学院哈尔滨兽医研究所科学家研制成功，有效地控制了我国的马传染性贫血疫情。

【临床症状】　马传染性贫血主要特征是持续性感染，根据临床症状分为急性、慢性和无症状表现。急性或亚急性型主要表现为高热稽留或间歇热、出血、黄疸和心脏功能紊乱等症状。发热期间症状明显，无热期间症状减轻。慢性型多呈现不规则热，发热时间短而无热期时间长，症状不明显。各种类型马传染性贫血的共同症状为发热、贫血、出血、黄疸、心脏衰弱、浮肿和消瘦（图3-30）。

【病理变化】　病马全身败血症变化、贫血，肝脏具有特征性组织病理变化，肝细胞变性、星状细胞肿大、增生及脱落，肝细胞紊乱，有多量吞

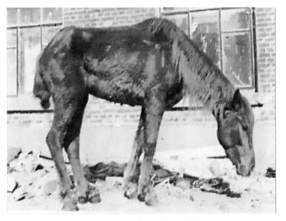

图3-30　病马体形消瘦

（图片由相文华提供）

噬细胞和淋巴细胞浸润。

2.马鼻疽 马鼻疽是由鼻疽杆菌引起马、骡、驴等单蹄动物感染的一种高度接触性传染病，主要表现为马的鼻腔、肺部等皮肤位置出现鼻疽结节，该病属于国家二类疫病。马属动物对鼻疽病非常易感，其次猫科的动物也易感。马鼻疽没有季节特点，具有地方性流行特征。

【临床症状】 一般表现为体温升高、精神沉郁；呼吸、脉搏加快；下颌淋巴结肿大；鼻孔一侧(有时两侧)流出浆液性或黏性鼻汁，可见鼻疽结节、溃疡、瘢痕等症状。

急性马鼻疽表现为弛张热，寒战。一侧性黄绿色鼻液和下颌淋巴结发炎，精神沉郁，食欲降低，可视黏膜潮红并轻度黄染。鼻腔黏膜上有小米粒至高粱大的灰白色圆形结节。结节迅速坏死、崩解，形成深浅不等的溃疡。溃疡可融合，边缘不整，隆起如堤状，底面凹陷，呈灰白或黄色。由于鼻黏膜肿胀和声门水肿，呼吸困难。绝大部分病例排出带血的脓性鼻汁，并沿着颜面、四肢、肩、胸、下腹部的淋巴管，形成索状肿胀和串珠状结节，索状肿胀常破溃（图3-31）。

常见感染马多为慢性鼻疽。开始由一侧或两侧鼻孔流出灰黄色脓性鼻汁（图3-32），往往在鼻腔黏膜见有糜烂性溃疡，这些病马称为开放性鼻疽马。呈慢性经过的病马，在鼻中隔溃疡的一部分取自愈经过时，形成放射状瘢痕。触诊下颌、咽背、颈上淋巴结肿胀、化脓、干酪化，有时部分发

图3-31 病马肢体破溃
（图片由相文华提供）

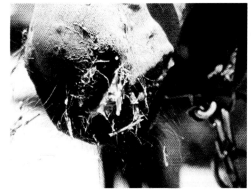

图3-32 灰黄色脓性鼻汁
（图片由相文华提供）

生钙化，有硬结感。下颌淋巴结因粘连几乎完全不能移动，无疼痛感。病马营养下降，显著消瘦，被毛粗乱无光泽，往往陷于恶病质而死。

【病理变化】 特异性病变多见于肺脏，其次见于鼻腔、皮肤、淋巴结、肝及脾等处。在鼻腔、喉头、气管等黏膜及皮肤上可见鼻疽结节、溃疡或疤痕；有时可见鼻中隔穿孔。

3.马流行性感冒 马流行性感冒简称马流感，是由正黏病毒科流感病毒属马A型流感病毒引起马属动物的一种急性流行性传染病，主要包括H7N7亚型和H3N8亚型。马流行性感冒主要危害马属动物。春、秋季是发病高峰期，各个品种的马都有可能感染。该病发病率极高，但是死亡率较低，如果继发其他疾病可显著增加死亡率。含有病毒的气溶胶或者飞沫可以传播该病，同时康复公马的精液中长期存在该病毒。

【临床症状】 根据病毒型的不同，表现的症状不完全一样。H7N7亚型所致的疾病比较温和，而H3N8所致的疾病较重，并易继发细菌感染。典型症状为发热，体温上升至39.5℃以内，稽留1～2天或4～5天，然后徐徐降至常温，如有复相体温反应，则提示有继发感染。最初2～3天内经常干咳，干咳逐渐转为湿咳，持续2～3周。亦常发生鼻炎，先为流水样后变为黏稠的鼻液（图3-33）。H7N7亚型感染时常发生轻微的喉炎，有继发感染时才呈现喉、咽和喉囊的病症。

所有病马在发热时都呈现全身症状。病马呼吸、脉搏加快，食欲降低，

图3-33 分泌黏稠鼻液
（图片由相文华提供）

图3-34 病马精神委顿
（图片由相文华提供）

精神委顿（图3-34），眼结膜充血水肿，大量流泪。病马在发热期中常表现肌肉震颤，肩部的肌肉最明显，病马因肌肉酸痛而不爱活动。

【病理变化】　主要集中在马的呼吸道，可见呼吸道黏膜水肿和充血。H3N8亚型感染马较H7N7亚型感染马具有较强的趋肺性。H3N8亚型感染马易出现细支气管炎、肺炎和支气管炎，另外，病马的肺呈现水肿、充血或淤血，同时下颌淋巴结肿胀、充血，肝、肾、脾脏和淋巴结等器官出现肿胀。

4.马腺疫　马腺疫是由链球菌马亚种引起马属动物的一种急性接触性传染病，属于三类动物疫病。以发热、上呼吸道黏膜发炎、下颌淋巴结肿胀化脓为特征。

【临床症状】　临床常见有一过型腺疫、典型腺疫和恶性腺疫三种病型。

（1）一过型腺疫　鼻黏膜炎性卡他，流浆液性或黏液性鼻汁，体温稍高，下颌淋巴结肿胀。多见于流行后期。

（2）典型腺疫　病马体温突然升高（39～41℃），鼻黏膜潮红、干燥、发热，流水样浆液性鼻汁，后变为黄白色脓性鼻汁。下颌淋巴结急性炎性肿胀，起初较硬，触之有热痛感，之后化脓变软，破溃后流出大量黄白色黏稠脓汁（图3-35和图3-36）。病程2～3周，愈后一般良好。

图3-35 下颌淋巴结肿大
（图片由相文华提供）

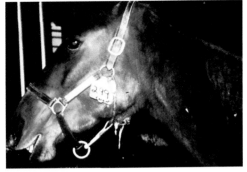

图3-36　下颌淋巴结肿大，破溃，流出脓汁
（图片由相文华提供）

（3）恶性腺疫　病原菌由下颌淋巴结的化脓灶经淋巴管或血液转移到其他淋巴结及内脏器官，造成全身性脓毒败血症，致使动物死亡。

【病理变化】 鼻、咽黏膜有出血斑点和黏液脓性分泌物。下颌淋巴结显著肿大和炎性充血，后期形成核桃至拳头大的脓肿。有时可见到化脓性心包炎、胸膜炎、腹膜炎及在肝、肾、脾、脑、脊髓、乳房、睾丸、骨骼肌及心肌等有大小不等的化脓灶和出血点。

5.马鼻肺炎 马鼻肺炎是由马疱疹病毒 I 型引起的急性发热性传染病。本病的危害主要是引起呼吸道疾病、神经系统疾病以及妊娠母马流产，造成严重的经济损失。

【临床症状】 常见的临床症状为鼻肺炎，流多量浆液乃至黏脓性鼻汁（图3-37），鼻部黏膜和眼结膜充血，幼驹有时发生病毒性支气管肺炎；妊娠母马突然发生不明原因的流产，无胎衣滞留现象（图3-38）。

图3-37　病马分泌黏脓性鼻汁

（图片由相文华提供）

图3-38　疱疹病毒感染流产驹

（图片由相文华提供）

【病理变化】 患驹上呼吸道充血、发炎和糜烂，局部腺体呈增生变化。侵及肺脏时，间质发生水肿和纤维蛋白浸润。严重感染病例呼吸道上皮细胞和淋巴结中心显著坏死，并可在细支气管上皮细胞看到典型嗜酸性核内包涵体。

第三节　水貂等非食用动物检疫

一、检疫对象

狂犬病、炭疽、伪狂犬病、犬瘟热、水貂病毒性肠炎、传染性肝炎、水貂阿留申病。

二、检查内容

1.狂犬病　狂犬病是由狂犬病病毒引起的一种人兽共患的中枢神经系统急性传染病，一旦感染死亡率高达100%。狂犬病病毒是弹状病毒科的嗜神经病毒。狂犬病最主要的传染方式是由于咬伤或者抓伤使病毒通过破损的皮肤进行传播。该病的主要临床表现为特有的狂躁、恐惧不安、怕风怕水、流涎和咽肌痉挛。

在自然状态下，所有温血动物对狂犬病病毒都易感。实验动物中以兔、小鼠等较为易感。貉狂犬病的潜伏期2～8周，最长可见11周。病程3～7天，最长约20天。

【临床症状】　感染初期，病貉行为异常，在笼内有攻击行为。随着病情的发展，兴奋性增强，狂躁不安，在笼内急走或奔跑，啃咬笼网及笼内食具（图3-39），出现狂躁、恐惧不安、怕风怕水、流涎等症状。感染后期，病貉一般精神沉郁，喜卧。

图3-39　患狂犬病的乌苏里貉：盲目地啃咬木棍
(引自崔治中等，2013)

【病理变化】　肝脏呈现暗红色或土黄色，切面出现酱油样凝固不全的血液，胃黏膜发炎并有大量出血，脑软膜和脑实质肿胀、充血（图3-40），有点状出血。肺部病变见图3-41。

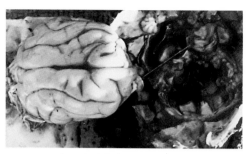

图3-40　患狂犬病的乌苏里貉引发的脑室积液
(引自崔治中等，2013)

图3-41　患狂犬病的乌苏里貉的肺部病变
(引自崔治中等，2013)

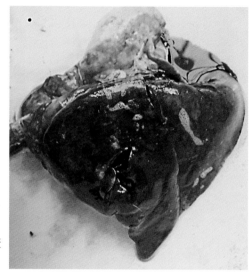

2.炭疽　炭疽是由炭疽杆菌引起的急性、热性、败血性的人兽共患传染病。该病特征为死后天然孔出血，血液凝固不良，通常呈煤焦油样，尸僵不全，臌气，迅速腐败，脾脏显著肿大和皮下、浆膜下结缔组织出血性浸润。水貂对炭疽高度易感，该病是水貂养殖业的重大危害之一。

【临床症状】　患病动物出现原因不明而突然死亡或可视黏膜发绀、高热、病情发展急剧，死后天然孔出血、血凝不良，尸僵不全。

【病理变化】　严禁解剖感染炭疽而死亡的水貂，炭疽特征性病理变化是：血液凝固不全，呈酱油样，尸体迅速腐败而膨胀，天然孔流血，皮下及浆膜下出血性胶样浸润，脾脏肿大，软化如泥，全身淋巴结肿大。

3.伪狂犬病　伪狂犬病又称阿氏病,可感染多种动物,是一种以发热、皮肤剧痒及脑脊髓炎为特征的急性传染病。水貂等非食用动物对此病极为敏感，患病后死亡率高达74%，给水貂等非食用动物养殖业带来巨大的经济损失。

【临床症状】　呕吐、舌头外伸，食欲不振，被毛良好，后肢瘫痪、站立不稳（图3-42），严重的四肢瘫痪，个别咬笼死亡，口腔内含大量泡沫黏液；患病狐狸、貉还表现为咬毛，撕咬身体某个部位，用爪挠伤脸部、眼部、嘴角，呈犬坐样姿势，兴奋性增高，有的鼻子出血，有时在笼内转圈，有时闯笼、咬笼，最后精神沉郁而死亡。患病水貂鼻和口角有多量粉红色泡沫状液体，舌露出口外，有咬痕。眼、鼻、口和肛门黏膜发绀。腹部膨满，腹壁紧张，叩之鼓音。

图3-42 患病貉站立不稳

(引自谢之景等，2019)

【病理变化】 血凝不全，呈紫黑色。心扩张，冠状动脉血管充盈，心包内有少量渗出液，心肌呈煮肉样。大脑血管充盈，质软。肺呈暗红色或淡红色，表面凹凸不平，有红色肝变区和灰色肝变区交错，切之有多量暗红色凝固不良血样液体流出。气管内有泡沫样黄褐色液体，胸膜有出血点，支气管和纵隔淋巴结充血、淤血。胃肠黏膜常覆以煤焦油样内容物，有溃疡灶。小肠黏膜呈急性卡他性炎症，肿胀、充血，覆有少量褐色黏液。肾肿大，呈樱桃红色或泥土色，质软，切面多血。脾微肿大、充血、淤血，白髓明显，被膜下有出血点。

4.犬瘟热 犬瘟热是由犬瘟热病毒引起的一种高度接触性、致死性传染病。该病的发生流行具有明显的季节性,对幼犬和纯种犬危害更大,严重影响我国皮毛动物养殖业的发展。

犬瘟热在全世界广泛流行，但是不同区域来源的病毒之间基因组差异明显。犬瘟热病毒感染动物和康复期排毒的动物是该病的主要传染来源，病毒通过以上动物的呼吸道和消化道传播。

【临床症状】 患病动物体温升高，呈间歇性；流泪、眼结膜发红、眼分泌物液状或黏脓性（图3-43和图3-44）；流浆液性鼻液或脓性鼻液（图3-45和图3-46）；病畜有干咳或湿咳，呼吸困难。脚垫角化（图3-47和图3-48）、鼻部角化，严重者有神经性症状；癫痫、转圈、站立姿势异常、步态不稳、

图3-43 银黑狐感染犬瘟热时可见化脓性结膜炎

（引自崔治中等，2013）

图3-44 水貂犬瘟热引起的结膜炎、羞明流泪、头部皮炎

（引自崔治中等，2013）

图3-45 水貂犬瘟热引起的鼻尖干燥，鼻孔有脓性鼻液，结膜肿胀

（引自崔治中等，2013）

图3-46 患病动物鼻端干燥、龟裂

（引自谢之景等，2019）

共济失调，咀嚼肌及四肢出现阵发性抽搐等（图3-49和图3-50）。患病水貂眼观没有特征性变化，被毛污秽不洁，被毛丛中有谷糠样皮屑，皮肤增厚，皮肤上有小的湿疹，足掌肿大，尸体有特殊的腥臭味。眼、鼻、口肿胀，肛门、会阴部皮肤微肿，有少量黏液状或煤焦油样稀便附着（图3-51）。

图3-47　犬瘟热引发的水貂足垫肿胀
（引自崔治中等，2013）

图3-48　犬瘟热引起水貂脚垫变厚失去弹性
（引自王春璈，2008）

图3-49　犬瘟热病水貂倒地抽搐
（引自王春璈，2008）

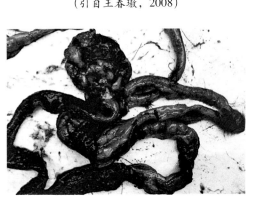

图3-50　患病动物抽搐
（引自谢之景等，2019）

图3-51　水貂感染犬瘟热表现为出血性肠炎，粪便呈煤焦油状
（引自王春璈，2008）

【病理变化】 脑血管充盈，水肿或无变化。气管黏膜有少量黏液，肺有时有小出血点。心扩张，心肌弛缓，心外膜下有出血点。肺出血、化脓（图3-52和图3-53）。脾有白色坏死灶，继发感染可造成其肿大，慢性型病例脾萎缩。肝呈暗樱桃红色，充血、淤血，切之有多量凝固不全的血液流出，肝质脆，色黄，胆囊比较充盈，肾被膜下有小出血点，切面混浊。胃肠黏膜呈卡他性炎症，胃内有少量暗红褐色黏稠内容物，慢性型病貂胃黏膜有边缘不整、新旧不等的溃疡灶。直肠黏膜多数带状充血、出血，肠系膜淋巴结及肠淋巴滤泡肿胀。膀胱黏膜充血，常有点状或条纹状出血。另外，自然感染犬的大腿、腹部和耳郭内表面可发现脓疱性皮炎。

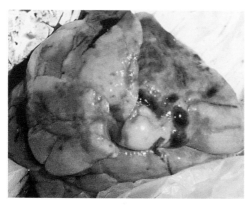

图3-52　水貂感染犬瘟热后，肺有多个出血斑
（引自王春璈，2008）

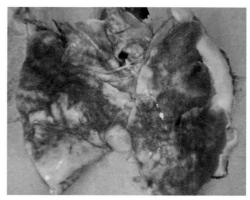

图3-53　水貂感染犬瘟热后出现严重的化脓性肺炎

（引自王春璈，2008）

5.水貂病毒性肠炎　水貂病毒性肠炎是由水貂细小病毒引起的一种急性、高度接触性传染性疾病。幼水貂患病后死亡率达90%以上，给水貂的养殖造成巨大的经济损失。近年来，该病在我国的发病率呈上升趋势。

每年的6—10月是该病的高发季节，患病水貂的粪、尿或唾液经过消化道和呼吸道传染给其他幼水貂，幼水貂的发病率高达70%，死亡率高达90%以上，成年水貂发病率和死亡率均在20%左右，隐性感染和慢性感染成为目前水貂病毒性肠炎最危险的传染源。

【临床症状】　患病水貂体温升高（39.4 ~ 40.6℃）和白细胞减少（由于白细胞进入肠腔而导致的丢失）；呕吐、腹泻，同时伴有厌食、精神沉郁和迅速的脱水（图3-54）；粪便呈黄色或绿色，如果有血液则颜色会加深或带有血色条纹，严重的可能出现血便（图3-55至图3-58）。

图3-54　患病水貂精神沉郁、鼻端干燥

（引自谢之景等，2019）

图3-55　水貂排出的稀便

（图片由王建科提供）

图3-56　水貂排出的绿色粪便

（引自崔治中等，2013）

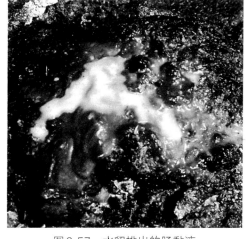

图3-57　水貂排出的肠黏液

（引自崔治中等，2013）

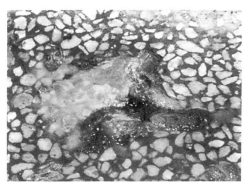

图3-58　水貂排出的带有肠黏膜的脓性血便

（引自崔治中等，2013）

【病理变化】 以急性卡他性、纤维蛋白性乃至出血性肠炎变化为特征，即以肠和淋巴组织病理变化为主。肠管呈鲜红色，肠内容物混有血液、脱落的黏膜上皮和纤维蛋白样物，有恶臭味，肠壁菲薄有出血病变（图3-59和图3-60）。脾肿大、出血，呈暗紫色（图3-61）。病程稍长的病例主要可见尸体消瘦，被毛松乱，肛门周围被粪便污染。

图3-59　病毒性肠炎患病水貂的胃肠病变

（图片由王建科提供）

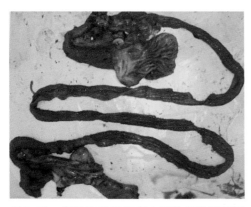

图3-60　病毒性肠炎患病水貂的肠黏膜严重出血

（引自王春墩，2008）

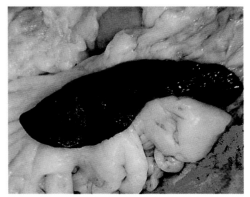

图3-61　患病水貂的脾脏有出血斑

（引自王春墩，2008）

6. 传染性肝炎　传染性肝炎是由腺病毒引起的一种急性败血性传染病。特征是循环障碍，肝小叶中心坏死，肝实质细胞和内皮细胞的核内出现包涵体。

【临床症状】　分为肝炎脑炎型和呼吸型两种。①肝炎脑炎型的潜伏期为2～8天，轻症病例的症状通常不明显，伴随精神不振和食欲降低。重症病例采食量减少或停止采食，体温升高至40～41℃，粪便初期呈黄色后变为灰绿色，最后变为煤焦油状，黏而黑。机体衰竭。有的病例死前出现神经症状，全身抽搐，口吐白沫。部分病例眼鼻有浆液性黏液性分泌物，白细胞数量减少，血液凝固时间延长。最急性者突然发病，采食停止1天后死亡。②呼吸型的潜伏期为5～6天，患病水貂体温升高持续1～3天，表现为精神沉郁，采食量减少到停止，呼吸困难，咳嗽，有脓性鼻液，有的发生呕吐，常排出带黏液的黑色软粪。临床上两种类型通常同时发生，单一出现的情况较少。

【病理变化】　肝炎脑炎型死亡的病例，腹腔内积存大量污红色腹水（图3-62），肝脏肿大，被膜紧张呈黑红色（图3-63和图3-64）。胃肠黏膜弥漫性出血（图3-65），肠腔内积存柏油样黏便，具有神经症状的水貂，脑膜充血、出血严重（图3-66），肺脏出血（图3-67）。

图3-62　传染性肝炎：水貂腹腔内有大量污红色腹水

（引自王春璈，2008）

图3-63　传染性肝炎：水貂肝肿大，呈黑红色

（引自王春璈，2008）

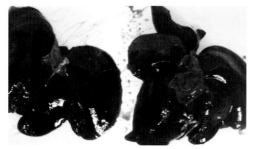

图3-64　传染性肝炎：水貂肝肿大、出血

（引自王春璈，2008）

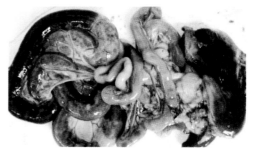

图3-65　传染性肝炎：水貂胃肠出血

（引自王春璈，2008）

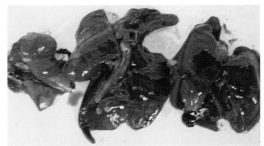

图3-67　传染性肝炎：水貂肺出血

（引自王春墩，2008）

图3-66　传染性肝炎：水貂脑出血

（引自王春墩，2008）

7.水貂阿留申病　水貂阿留申病是由水貂阿留申病病毒引起的一种慢性进行性传染病，该病能够引起自身免疫紊乱。水貂阿留申病病毒可感染各个年龄段的水貂,对新生仔貂的致死率几乎可达100%，该病毒感染成年水貂通常引起水貂的持续感染，表现为终生病毒血症、高蛋白血症、动脉血管炎和由病毒－抗体复合体诱导的肾小球肾炎及肝炎等。感染的母貂临床表现为不能妊娠，流产，产弱胎，仔貂成活率降低，种公貂丧失配种能力等。

【临床症状】　急性病例食欲减少或丧失，精神沉郁，逐渐衰竭，死前出现痉挛，病程2～3天；慢性病例主要表现为极度口渴，食欲下降，生长缓慢（图3-68和图3-69），可视黏膜苍白，口腔和胃黏膜有大

图3-68　患病死亡水貂消瘦、脱水，被毛逆乱

（引自谢之景等，2019）

图3-69　患病水貂体况消瘦

（引自崔治中等，2013）

小不等的溃疡灶，肛门周围有少量煤焦油样稀便附着（图3-70）。

【病理变化】　病初肾脏常肿大、充血，表面点状出血，切面外翻；后期肾萎缩，表面有黄白色浆液性粟粒状小病灶，发生肾变性——血管球性肾炎（图3-71）。急性经过时脾脏肿大2～5倍（图3-72），淋巴结肿大、充血（图3-73）。肺脏和肝脏病变见图3-74、图3-75。

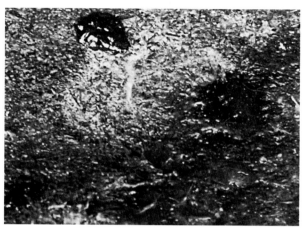

图3-70　患病水貂后期排煤焦油样粪便

（引自崔治中等，2013）

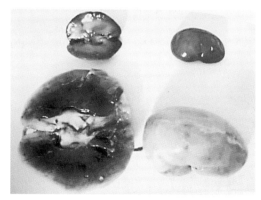

图3-71　患病水貂肾脏严重病变

（引自崔治中等，2013）

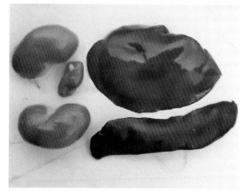

图3-72　脾肿大有出血斑、肝黄染

（图片由邵西群提供）

图3-73　淋巴结肿大、充血

（图片由邵西群提供）

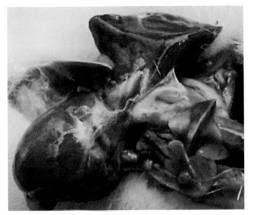

图3-74　患病水貂肺脏病变

（引自崔治中等，2013）

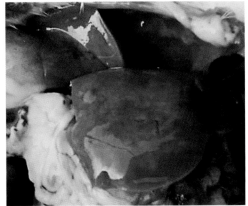

图3-75　患病水貂肝脏病变

（引自崔治中等，2013）

图书在版编目（CIP）数据

兔、马属动物、水貂等非食用动物检疫操作图解手册/
中国动物疫病预防控制中心组编 . —北京：中国农业出
版社，2024.3

（动物检疫操作图解手册）

ISBN 978-7-109-30114-6

Ⅰ.①兔…　Ⅱ.①中…　Ⅲ.①兔－动物检疫－图解②
马－动物检疫－图解③水貂－动物检疫－图解　Ⅳ.
①S851.34-64

中国版本图书馆CIP数据核字（2022）第185622号

中国农业出版社出版

地址：北京市朝阳区麦子店街18号楼

邮编：100125

策划编辑：周晓艳　王森鹤

责任编辑：周晓艳　弓建芳

版式设计：杨　婧　责任校对：吴丽婷　责任印制：王　宏

印刷：中农印务有限公司

版次：2024年3月第1版

印次：2024年3月北京第1次印刷

发行：新华书店北京发行所

开本：700mm×1000mm　1/16

印张：3.5

字数：93千字

定价：40.00元
